ちゃんと自分を好きになる。

「わたしはわたし」のマインド術

舟山久美子

はじめに

わたしは長い間、「自分が好き」なふりをしてきました。

16歳で雑誌『Ｐｏｐｔｅｅｎ』のモデルとしてデビューし、「ギャルの神様」「渋谷認知度１００％」とまで言われましたが、わたしは自分にマルをつけることができませんでした。「〝くみっきー〟としてもっとこうならなくちゃ」「いつも完璧な自分でいなくちゃ」「わたしの幸せはこれじゃない」と、事あるごとに悩んでばかりいました。

27歳のとき体調を崩し入院。突然「何もしない時間」が訪れました。そこで気づいたのです。「このままじゃダメだ」と。

そこで、どんなところが変わりたいのか。それはなぜなのか、徹底的に自分と向き合い、心理学を学ぶなど試行錯誤を重ねていきました。

このとき、諦めずに「自分は変われる」と信じられたのは、わたしが「ギャル」だったから。おとなしくてクラスの〝陽キャ〟ではなかったわたしは、「ギャル」に憧れてメイクやファッションを変えていくうちに、ギャルらしいマインドになれた経験があったからでした。

いま、わたしは心からちゃんと、「自分が好き」だと言えます。こう言えるわたしになってから、以前のように自分にダメ出しばかりしたり、無理をして自分をいたずらに追い込むようなこともなくなりました。何より、悩むことがなくなり、いまのわたしは自分史上いちばん心地いいわたしだと断言できます。

この本には、わたしがどうやって「ちゃんと自分を好きになる」ことができたのか、そのために大切にしている考え方や言葉を詰め込みました。さらに、実際にマインドを変えていくためにみなさんにも考えてみてほしいことをノートにしたのが「わたしプランノート」です。わたし自身、いつも書くことで自分のマインドを整理しているので、みなさんにもぜひそれを経験してほしい！と思います。

人生はその人の選択の積み重ねです。悩んだり、自分の選択に自信が持てないでいる人の心を少し軽くしてくれる、この本がそんな存在になれれば嬉しいです。

CONTENTS

PART
—
1

自分を好き〝風〟だった
わたしが変わるまで

あなたは〝ちゃんと〟自分を好きですか？

「自分を好き〝風〟」。これが、10代のころから持っているわたしの考え方のクセ。仕事柄、自分のことを好きなようには見せるけど、本当に自分を好きなわけではない。本当の自分を好きなわけじゃないので、「こうじゃないといけない」みたいな、勝手に自分で決めた偶像に苦しめられ、苦しんではそれを取り払っての繰り返しでした。自分で決めた偶像というのは、「モデルとして完璧なくみっきー」だったり、「ギャルでテレビに出てる明るいくみっきー」であったり。ようやくその手の偶像は作らなくなってきましたが、なかなかこのクセは抜けなくて、最近では「完璧な母親」になろうとしていることに気づきました。危ない危ない。また同じように、勝手に自分を苦しめるところでした。

「自分を好きです」って、なかなか人に言うのも恥ずかしいし、「いやいや自分なんかがそんな……」と思ってしまう人もいるかもしれません。でも、決してナルシストみたいな意味で「好きになる」わけではなくて、大切なのはまず「自分を認める」ということなんです。

いまの自分を認められていれば、「こうじゃないといけない」という理想像を勝手に作りだしたり、その理想像と現実の自分との間で苦しくなることもありません。

この章では、わたしが「ちゃんと自分を好きになる」までをお話ししたいと思います。

『Ｐｏｐｔｅｅｎ』の時代からわたしを知っている方の中にはご存知の方もいるかもしれませんが、当時からわたしは、どちらかというとネガティブで悩み体質でした。そこから約10年。モデル・タレントとしてお仕事をしながら、仕事のことはもちろん、家族のこと、恋愛、たくさん悩んできました。

27歳のとき、ようやく「ちゃんと自分を好きになる」ことの重要さに気づきます。自分のマインドを変えたことで、それまでの苦しい恋愛から抜け出すこともできました。いまでは、旦那さんと子どもと心地よい毎日を送ることができています。

これだけ、「自分を好き〝風〟」がクセだったわたしでも変わることができたのだから、あなたにもできるはず。

あなたも、自分のことをいま以上に好きになれますように。

01

—

ギャル時代

ギャルになる、それが
わたしが自分で選んだ最初の一歩

雑誌『Ｐｏｐｔｅｅｎ』時代のわたしを覚えていてくれる方たちから、ギャルになったきっかけを聞かれることがあります。もちろん「ギャル」という存在への憧れもあったものの、家族との関係もきっかけのひとつでした。

わたしの父は自営業だったのですが、バブル時代が終わり、わたしが成長していくとともに事業が悪化していきました。業績が好調だったころは忙しくあまり家にいなかった父ですが、だんだんと家にいる時間が増えていったことを覚えています。もともと一緒に過ごすことが少なかったため、兄とわたしにとって父はちょっと緊張する存在でしたが、家にいるようになった父は子どもたちに対して厳しく、わたしは家の中で息苦しさを感じるようになっていきました。

中学生のころのわたしはおとなしくて、先輩からいじめられたこともありました。どうしたらいじめられなくなるんだろう？と色々試しても結果は変わらず、「何をしても悪口言う人は言うんだなぁ」という諦めに近い教訓を得ました。

そんなわたしの楽しみは、ちょっとだけメイクをしてみたり、ヘアアレンジに凝ってみたりすること。自分の顔のコンプレックスだった部分をメイクで変えられることが分かったら楽しくて仕方なくて。さらに、友達にメイクをしてあげたり、髪をかわいくしてあげるととても喜んでくれる！人に喜んでもらえたことが本当に嬉しくて、ますますメイクやおしゃれに夢中になっていきました。

高校に入るころには、勉強よりもギャルになることに熱中するわたしに、父はますます厳しくなっていきました。夏休みにつけたエクステはもぎ取られ、携帯は逆パカ（当時は2つ折りの携帯電話。怒った父が開閉方向とは逆に折りました）され……。怒られても、わたし

5歳のころ、母と

は父にますます反発し、父の言う通りにはなりませんでした。いま思えば、自分が見つけた楽しいこと、人を喜ばせることを、お父さんにも認められたいという気持ちがどこかにあったんですよね。

『Popteen』にスカウトされモデルの仕事を始めたことは、父には内緒にしていました。母はあまり怒ったりわたしを否定したりすることなく、友達感覚でなんでも話せる関係だったので、母にだけ打ち明けて。いつか、モデルとして雑誌の表紙を飾れば父も認めてくれるだろう。そう思って、父には黙ってモデルを続けました。

父は、子どもたちに対して「いい学校に行き、いい会社に入る」という将来を期待していました。父が期待する人生は分かっていましたが、それで本当に幸せになれるんだろうか？　わたしにはそうは思えませんでした。父に厳しくされればされるほど、「自分の人生だから自分で決めたい」という思いを強くしていったのです。

でも、自分の選んだ人生を進むなら、親にちゃんと認めてもらえる人生にしなくては。そう考えたわたしは、父にも認めてもらうためギャルもモデルも本気でやろうと心に決めたのです。

あのとき、父にとても厳しくされたからこそ、わたしは自立の一歩を踏み出すことができました。自分で覚悟して決める、という経験をしたからこそ、自分の人生は自分で責任を取る、ということを学ぶことができたし、その後の人生であえて困難な方を選ぶような決断もできるようになったのだと思います。

違う自分を演じるつもりで挑んでいた『Ｐｏｐｔｅｅｎ』の撮影現場

ギャルといっても、ドン・キホーテで買ったキティちゃんのサンダルを履き、プレイボーイの服でテンションが上がる普通の女子高生だったわたし。撮影現場に行くと、みんなおしゃれで洗練されていて……。とにかく自信が持てず、初めのころはモデルの子たちと一緒に鏡に映ることさえ嫌でした。

自分はこのままじゃいけない、まずここでちゃんと成果を出さなきゃと思うけれど、やっぱりなかなか自信は持てなくて。ここにいるわたしは別の人だと思い込み、演じるような感覚を身につけるようにしました。せめてカメラの前でだけでも自分の殻を破れるように。そう行動を続けていくと、少しずつ気持ちが変わっていったんです。最初は恥ずかしくて情けなくて見たくなかった誌面も、徐々に見られるように。まず見つけてもらえるようになろうと思い誌面を研究して、前髪のセットにこだわってツートーンにしたりと、自分なりに工夫をしていました。

少し強引だけれど、違う自分を演じるように行動を変えていくと、ちょっとずつ前向きになれた。この経験を通して、自分の殻は自分が作っているだけなんだと気づきました。そして、モデルの仕事を続けていくと自分が思っている自分と、他人から見た自分は決してイコールではない、ということにも気づきました。自分はこんなものだ、と思っていれば、できなかったときに傷つくこともないので、一種の自分を守る術として、自分を小さく見積もるのがわたしのクセでした。でもそれに気づいてからは自分を客観視する、誰かが言ってくれたことは素直に受け止めることを心がけるようになりました。

表紙を務めさせてもらえるようになり、名前を知ってもらえるようになると増えたのが嫌がらせです。電話番号が拡散されて毎日のように変な連絡が来る、なんてことも。嫉妬や妬みに引っ張られてしまうくらいならと、連絡先を変えて、一人の親友を残しそれ以外の人とは一度縁を切りました。「誰かがわたしの電話番号を広めている……」そんな風に疑うのも傷つくのも嫌だったわたしは、いっそ全部切って何もなくなることが、自分を守る術だと思ったんです。

他人を変えるのは難しいから、自分の悩みを減らす環境を作ることに力を注いだ方がいい。それを身をもって学んだ経験でした。

家族も事務所もわたしが！と、突っ走って見えてきたこと

ギャルモデルがギャルタレントになるという流れができていた２０１０年代。わたしもたくさんのテレビ番組に出演させていただきました。雑誌でようやく自分なりの頑張り方を見つけたわたしでしたが、全く違うテレビの現場で振り出しに戻った感じに。テレビは正解がないようである世界で、どういう発言をしてどう振る舞うかの正解があるように思うんです。チームの中でいかに短時間でセッションするか。そのセッションが盛り上がれば盛り上がるほどいい仕事で、それには反射神経がとても重要。面白いことを言わないといけないのにまた言えなかった……と収録の帰りは毎回へこんでいました。その繰り返しで自己肯定感も下がり、一生懸命積み重ねたはずの自信がどんどんなくなっていくことに。

そもそも、世の中のギャルというイメージに自分自身が全く追いついていなかったんです。ギャルのファッションやメイク、マインドは大好きでしたが、世間のイメージする「ギャル」と自分の性格やマインドがマッチしているというわけではないんですよね。けれど、求めら

れているならそうでないといけないんじゃないかという思い込みもあって。いつしか収録が怖いという気持ちまで生まれて、直前にリキュール入りのチョコレートをかじって、ちょっと勢いをつけてみたり……。色々自分のテンションを盛り上げる策は練っていましたが、落ち込む事の方が多かったです。

当時はＳＮＳがないから共演者の方がどんな方で何をしているのかも事前に分かることは限られているし、実家にいたころはテレビはあまり見てはいけないと父に言われていたので、まず名前を間違えないようにということで精一杯。18歳から27歳くらいまでテレビに出させてもらっていましたが、リアルな自分とのギャップを感じながらも、呼んでもらえることがありがたいことなのだから、テレビには出続けることが当たり前だと思っていました。

そのころ、わたしは家族の大黒柱に。父の事業はずいぶん前からうまくいっておらず、借金が残っていました。頑張ってその借金を一度クリーンにして、大好きな母を笑顔にしてあげたかった。家族がうまくいけばいい。それにはわたしが頑張ればいい。そう思いながらも家族とはちゃんと話をせず、いい家を用意したり、お金を工面したり。所属する事務所にはしばらくはわたししか在籍していなかったので、わたしが頑張ることで後輩への道筋を作ってあげなきゃとも思っていました。そうして、周りの人たちを食べさせていかなきゃという使命感によって走り抜けていたんです。外側ばかり意識して、自分のことを見ていませんでした。

そんなとき、27歳で体調を崩したんです。入院して、久しぶりにお休みの時間をいただいたとき、頑張っているはずなのにうまくいかない現状を作り上げているのは自分かもしれない、と思いました。嫌だなと思いながらも、それをきちんと話し合うこともせず、自分が全てやればいいと勝手に自分に課して、やっぱり辛くなっていく。仕事ではインプットの時間はなく、アウトプットの連続。自分自身と世の中のギャルへのイメージのズレを無視しながらも、それに順応できずにいる。そういうたくさんの歪みが、体調不調につながったのだと休んで初めて気づくことができました。

02

—

恋愛・結婚

「妻や母としてこうあるべき」その考えを勝手に自分で課して苦しくなっていく

26歳ごろまでのわたしは、付き合っている彼にとことん尽くすタイプで、いつも一緒じゃないと不安になって、彼に依存してしまう、という恋愛ばかりしていました。

お付き合いしている期間が長くなると、「こんなに尽くしているのに、どうして大切にされないんだろう」と不安になって悩んだり、彼の心が分からなくなって距離を置いたり。お金を貸したこともありましたが、やっぱり戻ってこない。けんかをして感情的になった相手に反論して怪我をした経験もあります。泣くと翌日顔がむくむので泣けないんだけれど、さんざん心が傷ついて、ボロボロになってお別れしたことも1度ではありません。あのときは、もう男性を信用することや人と関わることが嫌になっていましたが、なぜ毎回傷つく恋愛になるのか考えたときに、自分にも原因があるのかもしれないと気がついたのです。

それから恋愛の勉強をして、本をたくさん読みました。少しずつ、尽くす自分を変えようとしている中で、旦那さんと出会いました。

思えば20代のわたしは〝完璧なくみっきー〟として見られたくて自分で作ったルールにがんじがらめになっていました。モデルの理想体重よりさらにマイナス3キロをキープして、ウエストは54センチ、むくみは残してはいけないから毎日半身浴、などなど。いまとなっては笑い話ですが、お仕事でパリへ行ったとき「毎日半身浴はやらなきゃいけないから」と、お湯の調子が悪いホテルで震えながら半身浴をしたこともあります。そんなことしても体にいいことなんてひとつもないのに……。

いつでも〝完璧なくみっきー〟でいなければと思う気持ちと、本当の「久美子」で愛されたい、という気持ち。お付き合いが始まるといつもそのバランスが崩れてしまい、「本当のわたしを見てくれない！」と彼と距離を取るようになったり。いま思えば、〝完璧なくみっきー〟像を作って、自分からその中に閉じこもろうとしているのに、本当のわたしを見てほしい……というのは勝手に悲劇のヒロインになっているようなものだよなぁ、と思います。

なぜ自分はいつも幸せになれないんだろう？　そう悩んでいた時期がちょうど入院をしたり、自分を見つめ直す時期と重なって、「〝完璧なくみっきー〟としてどう見られるか」にわたしは引っ張られすぎている。それが原因なのではないか、と気づき始めました。

旦那さんと最初に出会ったとき、彼のことを素敵な人だなと思いつつも、「この人と付き合っているくみっきーってアリ?ナシ?」と考えている自分に気づきました。まだ、「外から自分がどう見えるか」にとらわれ、「この人素敵だなぁ」という自分の心の声を聞くことができていない……。もっと自分の心の声に素直にならなきゃ。そう思って、まずは友人としてのお付き合いから始めました。

初めはなかなか心の扉を開けられず、一緒にいて心地がいい、とは言えない距離感だったと思います。それでも寄り添い続けてくれる彼とい続けたら、だんだんと自然体なわたしでいられるようになり、正式なお付き合いが始まりました。

旦那さんとお付き合いをして、ようやく「わたしはくみっきーじゃなくても一人の人間としてここにいていいんだ」という感覚を取り戻すことができました。過去に家族のお金に関するさまざまな問題に直面してきて、血のつながった家族でさえ、わたしのことを「久美子」ではなく「くみっきー」とし見ているのではないか……と感じることもあったわたしにとって、すっかり忘れていた感覚でした。芸能人のわたしではなくなってもわたしのことを好きでいてくれる。彼と出会い、結婚を決めて、自分がゆっくりと解(ほど)けていく感覚がありました。

ありのままの自分を取り戻すことができて、新しい挑戦もできました。結婚してから、「骨格診断アナリスト」の資格を取るため、完全にプライベートで学校に通ったのです。いままで接したことがないさまざまな職業の人とお話しする機会があり、初心に帰って、自分の世界が広がりました。

外から見える自分ではなくて、ありのままの自分。本当の自分の心の声に素直になれて本当によかった。それがなければいま、わたしは旦那さんと一緒にはいられなかったと思います。

理想は、おじいちゃんおばあちゃんになっても手をつないで歩ける夫婦

産後11カ月のころ、結婚式を挙げました。初めての子育てをしながらでいっぱいいっぱいになっていたので、何度もぶつかり合い、大きなけんかの連続。

このままだとよくないと思い、自分たちにとっての理想の夫婦像について二人で徹底的に話し合いました。過去の恋愛からわたしが学んだことは「相手に尽くしすぎちゃいけないんだ」ということでした。わたしが尽くして、相手はそれに安心してあぐらをかいて、わたしのストレスがどんどん溜まっていく……そんな関係になってしまったら、二人でずっと一緒にいることは難しいと学んだのです。

大切なのは、お互いが心地よく、そばにいてほしいと思う関係を築くこと。そのためには、子どもがいてもまずはパートナーを第一に大切にする関係でいたいな、ということを、押し付けるのではなくお互いにそう思えるまでしっかりと話し合いました。ときには二人で映画

を観て理想の夫婦のイメージを共有したことも。

そうして話し合いながら決まっていった、わたしたち夫婦のルールはたくさんあります。

・何もない会話を二人きりでする時間は意外と重要。月に1度は短い時間でもいいので、二人でデートをする。
・子ども中心は当たり前だけれど、子どももありきの関係性にはならないようにしよう。
・おじいちゃんおばあちゃんになってもずっと手をつないでいられるような関係に。
・大好き、かわいい、ありがとうは、思ったときになるべく言葉で伝える。
・他人の家のことは他人が決めること。他人の家の話は絶対にしない。
・言葉には力があるので、家族内ではポジティブな声かけを心がける。

などなど。

子どもがいると、二人きりになれる時間は意識しないとなかなか作ることができません。なので、二人のデート中にスマホは触らないことにして、短くても濃い時間になるようお互いに気を付けるようにしています。二人の時間を作るためには、子どもを預けることにもお互い罪悪感を持たないようにしようね、とも話しています。夫婦が心地いい関係を継続できてこそ、子どものことも幸せにできると思うからです。だからこそたくさん話し合い、お互いに折り合いをつける、というのが我が家流です。

子どもが生まれてからは、どうしても子育てというのは母親に偏りがちだな、ということを身をもって感じました。そこで産後2カ月から毎月1度、旦那さんが一人で子どもをみる育児DAYを作って丸一日預けるようにし始めました。その日は、その月齢の子どもの特徴ややるべきことを細かく書き出して旦那さんに渡し、これくらい手がかかるんだ、ということを体感してもらっています。

家事や子育てのあるあるだと思いますが、「なんでやってくれないんだろう」「もういいや、自分でやった方が早いから」という気持ちになることが続くと、結局後から「こうしてほしかったのに」という不満が溜まる、という悪循環に陥ります。この悪循環を生まないためには、相手にも同じ環境を作り、やるべきことを具体的に伝えるのが効果的だとわたしは思います。実際に体験することでお互いに思いやりが生まれ、いっそう協力的になっていく。旦那さんはいまではパパ業もお手のもの。育児ＤＡＹを楽しんでくれるだけでなく、子どもとの信頼関係や絆が深まっていく姿を見てわたしの幸せも倍増です。

育児のＴＯ ＤＯリストを作ったりと事前の準備の大変さはありますが、信じて任せることで子どもの成長を共有、共感できるようになる楽しみや、共に育児の価値観について話すきっかけにもなり、パートナーの思考を知ることができて、未来につながるとてもいい時間だなと思っています。

男女のコミュニケーションや理想の夫婦像について本で勉強したり、試行錯誤してきましたが、最後にわたしがおすすめしたいのは、「お手紙」です。大人になってからはスマホがあるので、紙に手書きのお手紙を書くことってなかなかないですよね。わたしはお手紙を書くのが好きで、誕生日はもちろん、子どもが生まれる前は何でもないときも、よく旦那さんにお手紙を書いていました。先日、旦那さんに渡したお手紙を発見したのですが、読み返してみると自分がもう忘れていた気持ちや初々しさが表れていて、はっとすることも。短くても、気持ちをポジティブに伝えるお手紙は、夫婦といえど伝えきれない感情を伝えるとてもいいツールだと思います。

夫婦関係は日々学び日々成長、毎日が心のトレーニングです。

03

—

母になる

子どもが生まれて180度変わった価値観
「しないこと」を選択しながら、さらに時間を大切にするように

10代のころからずっと子どもがほしかったんです。結婚後は妊活を始め、クリニックにも通いながら1年半が経ったころ、2020年末に妊娠。お正月にお酒を飲みたいけれど、最近気持ちが悪いなぁと検査してみたことがきっかけで、大晦日に発覚しました。元旦に、年始の挨拶とともに妊娠を伝えるお手紙を旦那さんに渡し、目の前で読んだ彼は泣きながら大喜び。その姿を見て、また嬉しくて。

妊娠中はコロナ禍とも重なり、いままでにない穏やかな時間でした。10年間続けてきたアパレルブランドの今後を考え直すのと同時に、家庭と仕事の両立について考え続けていました。

仕事を辞めるという選択肢はなかったわたし。ものづくりは生涯続けたいし、完全に家庭に入ると、わたしの場合はバランスをとるのが難しいだろうと思っていて。では、どんな働き方なら家族を大切にしながら続けられるだろう?ということを妊娠する前から考え続けて

きました。実際に子どもを育てながら、わたしの思う理想の働き方をしている人には思い切って連絡してお話をうかがったり、子どもがいる事務所の男性社員にも話を聞きました。

２０２１年、自然分娩で出産。あの経験は本当に宝物です。なんとも言えない喜びと幸福感は何度でも味わいたいと思うほど。初めて息子を抱いたとき、「わたしはどうなってもいいからこの子と家族を守ろう」そんな気持ちが芽生えました。

妊娠する前から、先輩方のお話を参考にしながら、自分なりに働き方を考え、見直し、準備はしてきましたが、それでもいざ出産してみたら、こんなこと知らなかった！ということが色々あって。そこで、旦那さんや会社の人たちには、自分がいま思っていることや体調、どうしていきたいか、心配なことなど全てを細

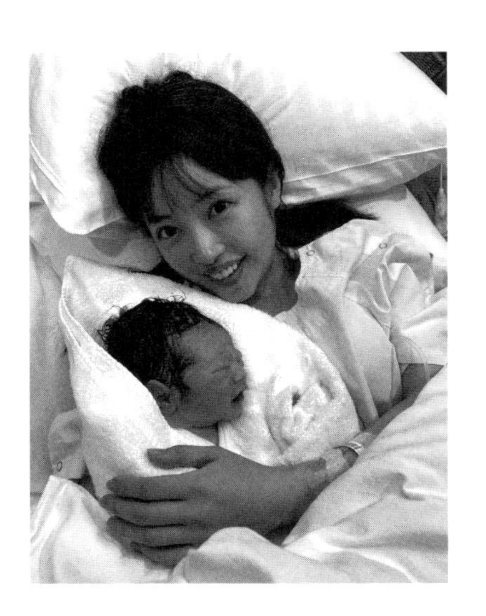

かく伝えるようにしました。

同時に、本当に時間は限られているものだということも改めて実感。家族それぞれの未来、そのためにいま時間をどう使うべきか、考えて動かないと、疲れ果てて一日があっという間に終わっていってしまいそうだと分かり、「何をしないのか」を常に考えるようになりました。全部はできないからこそ、「今日すること」ではなく「今日しないこと」を見極める。いままでは先のことを細かくプランしてきましたが、産後はある程度ざっくり先のことは決められても、予定はあくまでも予定。その通りにいくことは少なく、「いま」を生きているという感じがします。余裕を持ったスケジュールの中で、もしプラスワンできたらラッキーというくらいの感覚で、時間と向き合うようになりました。

息子が2歳になった今、旦那さんと子どもの教育について話し始めています。母親に見える面と父親に見える面が違ったり、それぞれの想いや育ってきた家庭環境も違うので、ぶつかったりすることも。ただ、そのままだともちろん平行線。これはよくないと思ったときは、家族会議を開催しています。

会議なので、議題を決めて話す時間を設け、話すためにちゃんとスケジュールを空けます。お互いの考えをターンごとに話し、現実的にできること、できないことを洗い出します。感

情論だけでなく、最後は夫婦での分担ややりくりなど、具体的な話に落とし込むところまで話し合います。

家族はいわば大きな船。全員が同じ船に乗って、試練をみんなで解決していきながら舵をとっていく。そのためにはチーム内で話し合いもしなきゃいけないし、共通認識を持ちながら、理解し合っていかないといけないんですよね。母になってから、ますます新しく学ぶことの連続です。

PART
2

「わたしはわたし」マインドでいるために

「ギャルマインド」が教えてくれたこと

中学生のときに出会った〝ギャル〟という存在。心惹かれたのはルックスだけではありません。

「別によくない？自分がいいんだから」「楽しければよくない？いまを全力で楽しもうよ」というギャルの子たちの発言を雑誌で見たとき、その考え方って格好いいなと思ったんです。「自分がいいと思っているからやっている」という、行動に自信と責任を持った、強い軸のある姿勢に憧れました。わたしもそんな風になりたい、と思ったんです。

『Ｐｏｐｔｅｅｎ』のモデルになって出会ったギャルの子たちは、見た目、着る服、メイク、言動に至るまで、全て自分の責任で選び楽しんでいる人ばかり。「ギャルってこうだよね」と世の中からレッテルを貼られて、不良っぽいとか不真面目そうとか、ネガティブなイメージを持たれてしまうこともあるけれど、人の目は気にしない。「わたしはこの道を行くんだ」という信念のある人たちが多いことを知りました。

これまでを振り返ってみて、いまに至るまでの選択を積み重ねることができたのは、あのとき、ギャルになったからだと思うのです。
ギャルマインドはわたしの軸にずっとあり、わたしを支えてくれています。

わたしにとってギャルになるということは、初めは強い自分や、なりたい自分のコスプレをしているような気分でした。でも、まずは見た目から、そしてだんだんと内面も、意識的にギャルになりきることで、次第に自分の殻を破ることができるようになっていったんです。ありのままのわたしだったら言えなかった自分の思いや考えを少しずつ言えるようになったり、家族に反対されても自分のやりたいことを貫くことができたり。

「自分はできる」と、思い込んで、思い切りなりきってみることってすごく大事。なりきり続けているうちに、少しずつ近づいていき、少しずつ変わることができる。だから、昔の自分に何か伝えるとしたら「人は変わることができるんだよ」「なりたい自分は作れるんだよ」

と伝えたいなと思います。

想像することから始めてもいいんです。

「なりたい自分になれたとしたら、その自分だったらどんな選択をするのかな？」

この自問自答を重ねるうちに、少しずつ「なりたい自分」らしい選択ができるようになっていきます。その成功体験を重ねることで、だんだん自信がついていく。

わたしがギャルになったとき、実際に体験したことです。

ギャルになったわたしのように、ほんの少しでもいいので自分で自分をなりたい方向に導いてみてください。そして、なりきってみてください。

「他人を変えることはできないけれど、自分は変わることができる」。

いまもわたしが大切にしている言葉です。

「余白」の大切さに気づいた

『Popteen』モデルとして活動し、「ギャルの神様」と言われたわたしですが、10代のころも、20代のころもずっと、「自分は幸せじゃない」と思っていました。モデルのお仕事をして、テレビにもたくさん出て、「かわいい」「憧れです」と応援してくださる方々がいて、お金も稼ぐことができて、家族には綺麗な家を建ててあげて……それで幸せじゃないなんて、バチが当たるよ！といまなら言ってあげたいですが（笑）。でも、わたしは幸せじゃない。いつ幸せになれるんだろう？とずっと感じていました。

27歳で一度体調を崩してお仕事を休んだとき、「こんなにずっと幸せだと感じられないのは、もしかすると自分の考え方に問題があるせいなんじゃないかな？」と気づきました。「自分にとっての幸せは何なのか？」という問いに対して、まずきちんと向き合うべきだと気づいたんです。いま向き合わないと、残りの人生もずっと幸せになれないのでは？と。

人が羨ましく見えたり、自分がダメに思えたりする度に、わたしは変われない自分に不満を持ったり、誰かや何かのせいにしたりしてきました。そうした考え方のクセを手放して、足りない部分ではなく、自分が持っているものってなんだろう?と、よいところに目を向けてみることにしたのです。

そこでまずは、自分が好きなこと、幸せだと思う瞬間をノートに書き出してみました。わたしの「好き」と「幸せ」をかき集めていったら、だんだん自分はなにがほしいのか、なにを大事にしたいのか、どうなったら心が穏やかな状態でいられるのかが見えてきたんです。世間体や他人の評価ではない、わたしにとっての本当の幸せにようやく気がつくことができました。

なにが幸せなのかが分かると、その状態になるにはどうしたらいいのか、逆算して考えることもできるようになりました。同時に、いままで自分が持っているものに感謝できていなかったことにも気づき、持っているものを自覚して、感謝できたときにすっと心が軽くなったんです。

自分の心ときちんと向き合って、大切にしたいものを丁寧に大切にしながら暮らしていこう。

自分が心地よいと思える時間の使い方をできるよう、仕事をしようと思いました。

そこで、自分が心地よいと思う環境、仕事、家族や自分のありかたなどをじっくり考え、書き出していきました。書き出していくうちに、27歳までのいっぱいいっぱいだったわたしには自分自身の頭の中、時間の使い方に「余白」が全くなかったことに気がついたんです。

では、「余白」を持つにはどうしたらいいのだろう？それには「溜め込まない」「詰め込まない」こと。取捨選択できる自分でいること。いままでの、詰め込んだスケジュール、こうあるべきという理想の姿や、察してほしいという気持ちなど、自分で勝手に抱え込んで苦しくなっていたことを全て手放して、人にきちんと伝え、頼ってみるようにしてみました。そうして書き出し、自分を理解しながら、逆算して考えていくことで、いまどうしたらいいのか、何が必要なのか、どこを改善したらいいのかが少しずつ見えてきたのです。

あなたが最近、幸せだなあと感じたのはどんなときでしたか?
頑張りすぎないで。もう自分を責めないで。
ありのままのあなたが美しいことを忘れないでください。

毎日の積み重ねで心を鍛える

ここまで、わたしがどのようにしてちゃんと自分を好きになり、いまの心地いいわたしにたどり着いたかのお話をしました。ただ、自分の思考のクセや性格はそう簡単には変わりませんよね。わたしの場合も気をつけていないと、自分を追い込もうとするクセが顔を出そうとすることがあります。

そんなとき「あっ、これは違うな」と気づくことができる自分でいるために、日常生活のなかでどんなふうに「余白」を大切にしているのかをお伝えしたいと思います。

47ページにわたしの基本的な一日のタイムスケジュールを書き出してみました。

朝、家族が起きてくる前の30分間がわたしの大切にしている自分のための時間です。仕事に、家事にと忙しく人のために時間を使って一日が終わる人は多いと思います。意識的に立ち止まって自分のために使える時間を作ることで、結果的に一日中時間に追われてイライラしたり、余裕がない状態にならずに済んでいるのだと思います。

この時間は、ゆったりした気持ちで過ごします。目標を確認したりという作業もしますが、できなかった自分を追い込むようなことはしません。むしろ自分のできたことを褒めたり、アロマキャンドルを灯したり、おいしいお茶をいれたりして、自分が好きな時間の過ごし方を意識しています。

家族で朝食を食べて旦那さんや子どもを送り出したあと、仕事まで時間がある日は30分ほど散歩をしたり、カフェでのんびりすることもあります。この30分は自分をゆるめる時間。この時間があるといいアイデアが浮かんだり、人に優しくできる自分でいられるのです。

仕事の時間は日によってまちまちですが、子どもの帰宅後は「子どもと向き合う時間」。スマホは見ないようにしてしっかりと子どもと話したり、遊んだりします。落ち着いて子どもに接することで自分も満たされる。わたしの余白に欠かせない時間です。

夜、旦那さんが帰ってきたらみんなで食事をして、旦那さんと子どもはお風呂。子どもが寝たあとわたしはお風呂に入り、スキンケアやストレッチなどで一日頑張った体をほぐします。そのあとの夫婦の時間は、お互いにスマホは見ないことにして、テレビを見たり、何気ない会話をする時間を大切に。体のために23時には眠るようにしています。

1日のタイムスケジュール

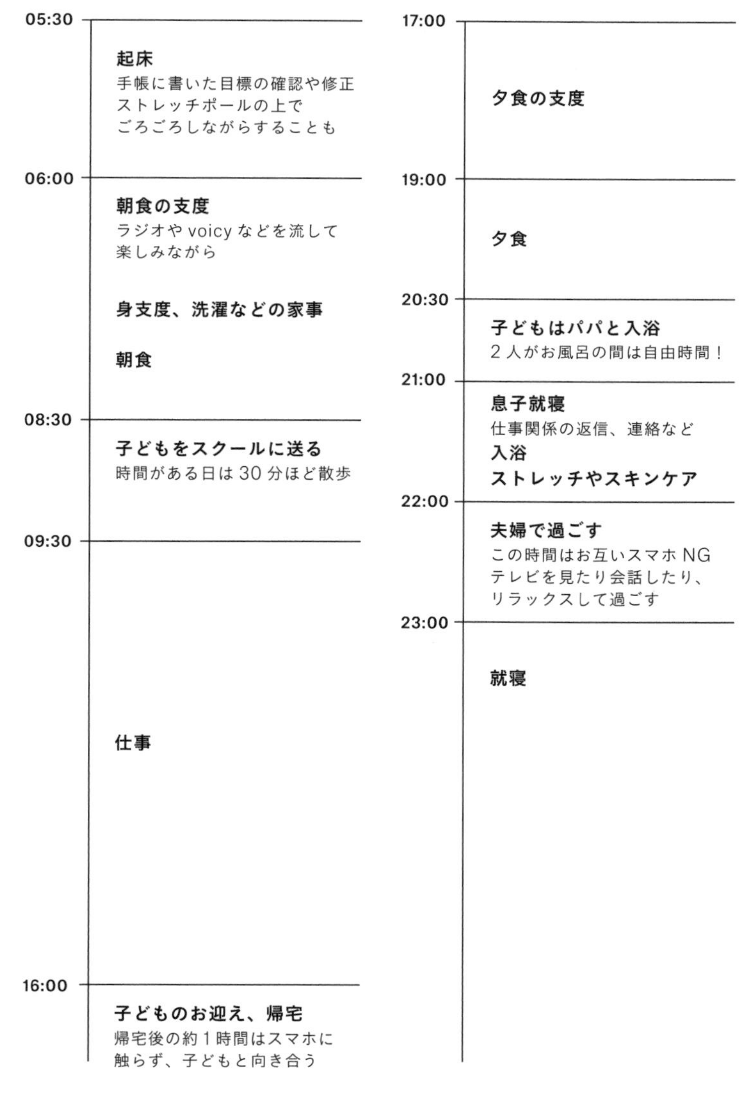

一日の生活リズムのほか、自分にとって、心に余白を持つために大切にしたい暮らしの考え方もできてきました。食べるものに気をつかったり、大好きな洋服やコスメの選び方や持ち方が年齢とともに変わってきたり、家の中にお花を飾ることを大切にしたり。こうした日常の細かな選択がいまの心地いいわたしを作っています。

ちゃんと自分を好きになることは、ありのままの自分を好きになること。だけど、無理をしないありのままの自分でいつもいるためには、自分の心の余白を持つ努力が必要。

自分がときめく、わくわくする方法で、自分の心の余白を保っていきたいと思います。

MY ROUTINE

「わたしはわたし」でいるためのルーティーン

MORNING ROUTINE

朝一番に体に潤いを届けることは
心に栄養を届けること

実はお水を飲むのが苦手でした……ですが、
ある時、肌のくすみに気づいて！
体は思っている以上に乾燥しています。
肌の透明感を保つためにも、お水はたくさん飲みます。
低気圧に弱く、片頭痛持ちだったのですが、
頭痛に悩まされることがぐっと減りました。
毎日２リットルは飲むのが日課。
いつでも飲めるようボトルに入れて手元に置いています。

部屋着：Petit Bateau

ためこまない、そして日々ご機嫌でいるためのルーティーン

体は毎日、無意識のうちに緊張状態にあるので、
ほぐすこと、滞らせないことを大切に。
とくに、肩回りや股関節は固まりやすいので、
呼吸を深めながらしっかり伸ばすようにしています。
体のしなやかさは、心のしなやかさにもつながる――。
体型キープのため、そして心のために、
18年間続けている習慣です。

何もしない時間が
心を整える

キャンドルの灯火と心地よい香りは、
強制的に頭と体をほぐして、気持ちを整えてくれます。
うまくいかないとき、心が落ち着かないとき。
朝のひとり時間に、お気に入りのキャンドルを灯して、
ボーっと眺める。
心の余白を作る、大切な時間です。

キャンドル：ハースウィック（ホワイトティー＆ジャスミン）

5分でも、10分でもいい。
自分を見つめる時間を作るだけで、
“わたし”の軸がだんだん
強く、太いものに

毎日はあっという間に過ぎていく。
だからこそ毎朝、自分を見つめる時間を作っています。
難しいことはしなくていい。
今日することの優先順位を決めて、自分がすること、
しなくてもいいことを決めるだけで心に余白ができる。
お茶を飲み、愛犬の茶々丸とリラックスしながら、
自分と向き合い整理する。
情報過多な毎日の中で、大切なのは日々の選択。
頑張りすぎず、心がワクワクすることを大切に。
その繰り返しで、「わたし」の軸が育っていきました。

メイクは心のモードを切り替えてくれる

母になって、メイクの大切さを改めて知りました。
子どもが生まれて時間がないことを言い訳に、
メイクの優先順位を下げていたとき。
自分をおそろかにしている感じから、
メイクだけでなく、生活や時間の使い方も
「そこそこでいいや」という気持ちになってしまったんです。
それからは、好きな自分でいるため、自分を高めるため、
綺麗な自分でいようと心がけています。子どもと楽しく話しながら
リビングや子ども部屋でメイクをすることが多いです。

メイク道具は、わたしの心を変えてくれる存在。
肌のトーンが上がったような血色感を出したり、
幸福感の上がるアイテムが好き。
見た目はもちろんですが、使用したときに顔のくすみや
疲れを飛ばすことで、会った相手までも
明るい気持ちにしてくれるカラーを選ぶようにしています。

いくつになっても、トキメキとワクワクを日々にプラスしてくれるメイク道具

掲載アイテム> P.142

結婚してから6年続いている夫婦の朝ごはんの定番

夫婦ともに頭をよく使う仕事。
だから朝ごはんには、血糖値が上がらず、
お腹に程よくたまり、体も温まり、手軽なものを……
そう考えてたどり着いたのが具だくさんのお味噌汁。
お野菜とタンパク質がとれるものをたっぷり入れて、
味噌は、「玄米販売専門店ひらい」のものを使っています。
味噌の発酵の力で体の内側からキレイになれるほか、
疲労回復、老化防止など、良いことづくしです。

美は内側から

掲載アイテム> P.142

27歳のころに体調を崩してから、インナーケアを意識し始めました。
食事では不足しがちな栄養をサプリメントで補ったり、
その時の自分の体の声を聞きながら、
ハーブエッセンスや酵素ドリンクなどを取り入れています。
不要なものをためこまない、
いつもめぐりのいい体でいたいから。

歩くことは、考えること

わたしの大切にしている習慣が、歩くこと。
頭の中を整理したり、モヤモヤを解消したり、煮詰まってしまったときのリフレッシュになったり、歩くだけで心が整っていく。
歩いていると何気ないアイデアが浮かぶことも多いので、
SNSのネタは会社のスタッフとコーヒーを買いに行くついでに話すことも。
緑が多い道や、路面店がある道を歩くと、
新しい発見や出会いがあったりもして心が躍ります。

NIGHT ROUTINE

肌は〝一番外側の心〟と思って向き合います

肌は心を映し出す鏡。
母になり自分時間はうんと減りました。
だからこそ大切にしているのが夜のスキンケア時間。
クレンジングから丁寧に行い、肌とじっくり向き合いながら
スキンケアしていくことでいまの自分自身を見つめます。
睡眠は足りているかな？食生活はどう？自分時間はとれている？
美容は毎日の積み重ね。知り、試し、続けることで必ず結果が変化する。
10年後の自分を好きでいるためにも、
丁寧に肌と向き合う時間を重ねていきたいと思います。

心地よいバスタイムは、
体も心もほぐしてくれます。
気分に合わせてバスソルトや
オイルを使うのも楽しみ。
頑張りすぎてなかなか寝つけないときは、
45度の熱めのお湯で足湯をすると、
眠りやすくなります。

頑張っているわたしの
ご褒美時間

掲載アイテム＞P.143

敏感肌のわたしの強い味方

20代のころ、全てが嫌になるほど肌荒れに悩んだ時期がありました。
原因は、ミネラル不足と保湿不足。
それによるバリア機能低下で肌が不安定になっていたんです。
いま、夜のスキンケアはメイクしない日でもクレンジングと洗顔をして、
フルボ酸でミネラルをしっかり入れ込んだあと、化粧水を3回つける。
そのあとのクリームは肌に膜を張ってくれるものを使っています。
これを徹底した結果、周りの方から肌を褒められるまでになりました。

美容ギアでおうちエステを習慣に

エステや美容医療に行くこともありますが、家族との時間を
大切にしたくて、自宅ケアにも力を入れるようになりました。
最近毎日使っているのはヘアメイクさんに教えてもらった
デンキバリブラシ（R）。フェイスラインがすっきりするうえ、
凝りがほぐれて気持ちよく、毎日続けています。

夜のストレッチは、体をほぐすのが目的。
肩回りが凝っていたり、お尻回りが凝っていたり、
その日の行動によって体は変化するので、
体と向き合いながら一日を振り返ります。
同時に、よく頑張ったわたし！と
自分で自分を褒めちぎる時間でもあります（笑）。

一日を振り返りながら体と向き合うことで、
自分の体への理解を深める時間に

LIFE

自分がときめく服だけをクローゼットに

ずっと着たい、そう思う服だけをクローゼットにしまっています。
10年間アパレルブランドをやっていたこともあり、
過去には衣装部屋を作るほどの服がありました。
ですが、環境やライフスタイルが変わり
ものを多く持ちすぎることに違和感を感じるように。
いまは、自分の体のラインを綺麗に見せてくれる
質のよいものを長く愛用しながら
一緒に歳を重ねられたらいいなと思っています。

CHRISTIAN DIOR

メイクは誰かのためにするのではなく、自分のためにするもの

リップやアイシャドウを変えただけで、
同じ日常なのに少しワクワクするという経験をしたことはありませんか？
メイクは、人生の楽しみの幅を広げてくれるだけでなく、
その日の自分を楽しむ、ということを教えてくれます。
自分を綺麗にすることで、所作や言動も自然と丁寧になる。
わたしがギャルになったときのように、歳を重ねても変わらず、
メイクは新しい自分に出会わせてくれます。

自分の生活を整えたくて
飾り始めたお花は、
わたしの心のバロメーター

20代の後半から、自宅にお花を飾っています。
始めのころは自宅には寝に帰るだけのような生活をしていて、
自分を大切にするのとはほど遠い毎日。
でも、お花を飾りだしたことで、
お花がわたしの心のバロメーターの役割をしてくれるようになりました。
きちんとお世話ができなくてお花が長生きしてくれないのは、
自分に余裕がないとき。
現在は、ダイニングテーブル、キッチン、洗面所という、
わたしがほっと一息つける場所にお花を飾っています。
時間は皆に平等に過ぎていく。美しいものの儚さを感じると同時に
いまを大切にしよう、と気づかせてくれます。

子ども部屋は優しい空間に

子どもの部屋に置くベッドなどの家具は、
優しい雰囲気になるように、木製のものを選びました。
寝るときは親が添い寝するのではなく、
練習してベッドで一人で寝られるようにして、
わたしたちはモニターで様子を見ています。
子どもには自分の幸せを自分で選択できる子に育ってほしい。
親だからこそなんでもしてあげたくなることもありますが、
子どもでも個人としての人格を尊重すること、
意見にしっかり耳を傾けることを大切にしたいと思っています。

夫婦共同の書斎で
仕事はもちろん
夫婦の大切な話し合いも

子どもが生まれてから、
効率のいい働き方を意識していて、
仕事をする環境も大切にしています。
書斎を作ったことで、
この部屋に入るだけで頭が切り替わり
集中できるように。
仕事がはかどれば、家族時間がとれる。
夫婦で子どものことなど大事な話を
したいときは書斎で会議をすることも。

お気に入りの器で
日々に彩りを

わたしにとっての器は、
ファッションと似ている存在。
毎日のことを、より楽しく、
より美しくしてくれるアイテムです。
選ぶ基準は、長く愛せるか。
時間ができたら陶芸も始めてみたいですし、
食器を永遠に眺めていたい（笑）。

掲載アイテム> P.143

RELAX

息子が生まれてから、
初めての感情と出会う日々。
わたしの原動力です

子どもは自分の命より大切な存在。
昨日できなかったことが今日できるようになる。
そんな成長の速さに、驚きとたくさんの気づきをもらって
自分はまだまだだなぁといつも奮い立たされています。
大人になると、過去の経験をもとに何かと言い訳をしては
後回しにすることを覚えてしまっていたけれど、
いつでも新しいことに挑戦できる自分であり続けたい。
そう思い、新たに会社を立ち上げる決心ができたのは、
子どもが生まれたから。
我が子が愛おしく大切だからこそ、生きる喜びや楽しさ、
人との関わりから生まれる人としての深みなど、
わたしの背中を見せてたくさん伝えられる自分でいたいなと思います。
お母さんの人生はまだまだこれから！

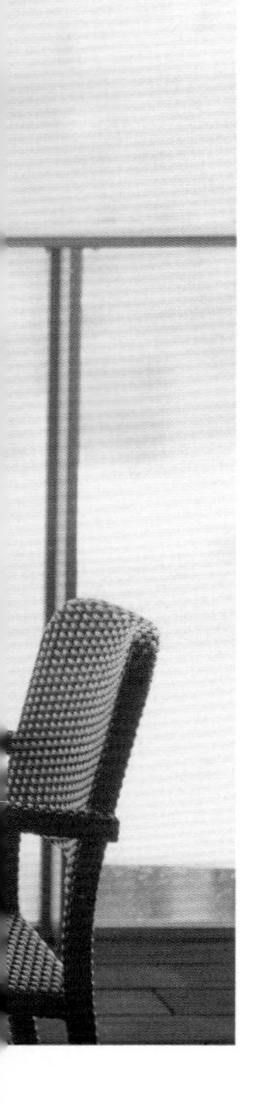

家族との時間は、
わたしがわたしらしくいられる時間

大人になると、ときには鎧をまとわなければいけない瞬間もある。
旦那さんとの二人時間は、何者でもない舟山久美子でいられる時間です。
恋人でもあり、家族でもあり、親友でもある最高のパートナー。
「結婚した理由は？」とよく聞かれますが、
この人とならどんなことも乗り越えていけそうだな、と感じられたから。
入籍を決めるまでも時間はかかりませんでした。
頭で考えるより心で感じる。
そんな素直な気持ちをいつでも伝えられる関係でいたいと思っています。

LOEWE
ぼくも仲間に入れて♥

PART 3

「ちゃんと自分を好きになる」ための10のアドバイス

01

自分の隙間を作る。余白を持つことを意識する。

昔からスケジュール魔で、朝から晩までびっしりと予定を入れていました。
毎日、分刻みのスケジュールをこなして、たまの休みにはどっと疲れが出て抜け殻に。そしてまた、びっしり詰まったスケジュールの日々。
いつも自分に余裕がないからピリピリしていて、相手に対して厳しくなったりすることも。
これはよくないなぁとさすがに自分でも思い、半ば無理矢理、自由時間を作るようにしました。
すると、同じ一日24時間でも、物事に対する自分の感じ方が全然違うのです。
それまでいかに、詰め込んだ予定をこなしていくだけで、目の前にあるコト、モノをきちんと受け取っていなかったのか。
家族にも、お仕事の相手にも、笑顔や幸せ、いいものを与えられる自分でいたい。
そのためには、どんなに忙しくても、余白を持つことだけは大切にしたいと思っています。

02

人生計画は変わったっていい。
ざっくりと適当に。
だけど考えてはおく。

この本にもノートをつけていますが、わたしは昔から人生の計画をメモするタイプでした。それによって前向きになったり、気づきがあったり、やる気に変わっていったりするのはいいこと。
ですが、一度考えた人生計画が変わることは絶対にいけないことなのだと思っていた時期もあるんです。
これも、自分自身の勝手な思い込みですね。
女性はライフステージの変化によって、人生計画が大きく変わることもある。変わるということは失敗や間違いではなく、考えや環境の変化によって成長しているんだ、と思うようにしました。
そして、「そういうときもあるよね」「仕方ないときもある」と、思い込みを手放すこともまた大切。絶対や正解なんてないんですよね。
あとは、もしわたしが明らかにおかしな選択をしようとしていたら、きちんと指摘してもらえるような人間関係を大切にしています。

あなたの理想の人は、どんな人ですか？その人は、どんな生活をして、どんな人と生き、どんな時間の使い方をしていますか？
イメージすることから始めてみましょう。

03

〝何が幸せを支える力になるのか〟は、
人それぞれ。
それは、あなたが思いがけないところに
あるのかも？

仲良しだったはずの友達のグループ内である日、自分にだけみんなが話しかけてくれない。
そんな経験をしたことがある人は意外と少なくないと思うのですが、中学生のとき、わたしにもそれが起こりました。トラウマになり、さらに自分は価値のない人間だと思うように。
わたしがある日いなくなってもきっと誰も困らないだろうし、覚えていないだろうなとまで思っていました。

『Ｐｏｐｔｅｅｎ』に出会ったとき、そこに載っているみんなはキラキラ輝いて見えました。
まずはメイクを真似してみると、それだけで自分が抱えていたコンプレックスが軽くなっていくことを感じたんです。
「わたしにもそのメイクやって！」と言われて新しい友達もできたりして、メイクをきっかけに人とつながっていくことができるんだ！と驚きながらも嬉しかったのを覚えています。
ギャルモデルになって、コンプレックスだらけの自分もほんの少しずつ人に見せられるようになっていきました。

『Ｐｏｐｔｅｅｎ』ではわたしについての特集を組んでいただくこともあり、このころになってようやく「自分は透明人間ではないんだ」と思えるように。読者の子たちからもたくさん応援してもらって、わたしのマインドは少しずつ変わっていきました。
閉じた世界が、少しずつ少しずつキラキラと広がっていくあの感覚は、いまでも忘れられません。

わたしが何かを開示することで、誰か一人でも世界が変わる人がいるかもしれない。
それが、わたしが何かをするときの原動力です。
誰かの人生にいいものをあげられる可能性があるからこそ、人前に出る仕事も、ものを作る仕事もやっていきたい。

わたしの場合、コンプレックスがあったからこそメイクに熱中して、メイクやファッションで誰かを笑顔にする幸せを知ることができました。
もしも、見た目についてのコンプレックスがなかったら、ギャルになることもなくて、いまのような仕事もしていなくて、この幸せに気づくことはなかったかもしれない。
そう思うと、人の幸せを支えるものって、どこにあるか分からないなぁと思うのです。
自分のお気に入りの時間や、こだわりたい部分はありますか？
思わぬところに、あなたの幸せのもとが隠れているのかもしれません。

04

わたしってすごい。
わたしって偉い。
わたしって最高。
声に出して言ってみる。
毎日自分を抱きしめることから始めてみよう。

大人になると褒められることって全くなくなります。
そう思いませんか？
できて当たり前。
できなかったらちょっとダメな感じさえしてしまったり。
子どもは褒められて伸びる、と言われています。
だから、親になると子どもをなるべく褒めてあげている人も多いはず。
わたしもそう。息子のことを褒めると、とても嬉しそうでこちらまで嬉しい気持ちになります。
でもね、大人だってわたしだって、たまには褒められたい！
だから、自分で自分を褒めてあげています。
モデルを始めたころ、読者の方に「かわいい！」「おしゃれ！」と褒めてもらえることで、低かった自己肯定感がすごく上がったんです。
そこで実感しました。褒めてもらうことがどれだけ自分の力になるのか。
だからこそ、なるべく人の長所だけに目がいくようにしたいし、わたしが感じたその人の長所は相手にきちんと伝えたい。
思っているだけでなく、あなたのこういうところがすごく素敵だと思ってるよと言葉にして伝える。そういう人になりたいと思っています。

05

お金をどんなに手にしても、幸せにはなれなかった。

お金はもちろん大事です。
生きていくのに必要なものであり、生きる選択肢を広げてくれるもの。
けれど、お金に集まってくる人もいて、どんどん人間不信になっていく……
仕事や家族を通して、そんな経験を過去に何度もしてきました。

どうしたら、お金に振り回されることなく、穏やかに生きていけるのだろうか。
そう考えたとき、大切なのは、自分の幸せを可視化することだと気づきました。
「わたしが幸せでいるためには何がどれだけ必要で、何をしたらいいのか?」を考える。
自分にとっての「幸せ」が漠然としていると、ずっと満たされないんですよね。
あれもほしい、これもほしい……って飢えた気持ちで、周りが羨ましく見えたり。
気持ちがよくなるものや行動って色々あります。
要注意なのは物を買う、悪口を言ってストレス解消する、噂話をする…というようなこと。
それって麻薬みたいなもので、そのとき出ているアドレナリンは、リラックスできるホルモンとは別物。満たされるのはほんの一瞬です。

自分が本当に幸せを感じることに気づけず、見せかけの気持ちよさで誤魔化しながら生きていると、結局は満たされない気持ちばかりが積み重なって、また一瞬の気持ちよさに走るけどやっぱり満たされない……というスパイラルに陥ってしまう。

わたしにとっての「幸せ」を考えたとき、一番に浮かんだのは、家族全員で食卓を囲んでいるイメージでした。
幼いころ、家族全員で食卓を囲むことが少なかったんです。
家族全員で楽しく食卓を囲む時間を何よりも大切にしたい。ではそれを実現していくにはどうしたらいいのか？考えることから始めました。

家庭も仕事も両立する。
明確な自分像がわたしの中にはありました。
では、仕事も家庭も両立させながら、家族で食卓を囲むには？
実現するための方法を、いくつも考えました。
自分で考えるだけでなく、旦那さんにもわたしの「幸せの形」を伝えて理解してもらい、時間をかけてお互いに働き方を見直し、周囲にも協力してもらいながら調整してきました。
そうして家族全員で食卓を囲んでいるとき、「幸せだなぁ」と心からわたしは思います。

あなたの人生にとって一番大切なことはなんですか？
お金や名声にとらわれない自分だけの幸せの形を見つけてみてください。
そうすることで毎日が心地よい感覚であふれだします。

06

「察してほしい」はやめて、自分がしてほしいことは相手に分かりやすく伝える努力をする。

結婚してから改めて気づきました。
「ご飯作ったのに、洗い物もわたし?」「どうしてここに靴下が落ちているんだろう?」などなど、些細なことだけれど、毎日積み重なると、「これからずっとこうなの?」と思ってしまう。そうするとイライラしてきて、「どうして機嫌が悪いの?」と尋ねられても、チリつもすぎてハッキリと答えられない。「どうしてって聞くけど、自分で分からないの?」とさらにイライラしたりして。

でもね、男性って分からないんですよね(笑)。
「なんかイライラしてるな~」「今日怖いな~」とかまでは感じるけれど、それ以上は踏み込んでこない。
この悪循環はよくないなと思いました。一生寄り添う覚悟を決めたのだからこそ、お互い心地よく一緒にいたい。
そこで、相手に分かってもらおうとするのではなく、ちゃんと自分の気持ちや状況を伝えよう!と決めました。
「わたしの今日のスケジュールはこうだから、あなたにここまでしてもらえたら嬉しい」「いま手が離せないから、ここをヘルプしてほしい。どう?」など、いきなり何かをやってもらうのではなく、状況をきちんと説明して前置きするように。

こうすれば旦那さんも自分が何をすればいいのか分かりやすい。

伝えることで些細なズレを減らしていくと、お互いの理解が深まりいままでよりずっと楽になりました。

「察してほしい」をやめるだけで、むしろわたしより上手にやってくれることもあったりして。

自分に勝手に課して大変になっていた〝自分でやらなきゃタスク〟みたいなものを少しずつ手放すことにもつながりました。

頼り方を身につけることは、自分の心の余白を作ることにもつながります。

旦那さんだけでなく、わたしは子どもに対しても前置きをしています。

「今日、ママはこういう一日だから、この時間になればゆっくり過ごせるからね」「今週はちょっと忙しいけど、週末にはフリーになるからたくさん遊ぼうね」など、子どもだからと端折ることなく、きちんと説明します。

子どもだって、ママ忙しそうだな……ずっと遊ぶ時間ないのかなと不安な気持ちでいるよりは、事情が分かれば本人なりに理解できる部分もあるはず。

そして、旦那さんには「今日めちゃくちゃ疲れたから、よしよししてほしい」「ちょっと抱きしめてほしい」なども臆せず伝えるようにしています。
察してほしいと待っているのではなく、甘えたいとき、してほしいときにしてもらう！（笑）
抱きしめてもらっただけで、疲れもイライラもすーっとなくなったりするもの。
それでご機嫌になったわたしを見ると、彼も嬉しそうだったりもして。

何かを伝えるときのコツを最後にもうひとつ。話しかけるときに「○○君、ちょっといい？」と、まずこっちを向いてもらってから伝えています。
そして「○○して」ではなく、「○○できる？」という言い方に。
その問いに対して、彼が「できるよ」と答えることで、それはやらされているのではなく自分の意思になるんです。子どものころよく親に「○○しなさい！」と言われる度にやる気がなくなったりしていたものですが、それは大人も同じなんですね。

わたしが本から学び実践してみた、伝え方術。
結婚生活を心地よいものにするためにもとても有効でした。

07

「ありがとう」は3回言う。

以前本で読んだのですが、実は「ありがとう」は1回だけだと男性にはあまり感謝の気持ちが伝わっていないこともあるそうです。
3回言うと、具体的に感謝の気持ちが伝わり「僕は妻を幸せにできている！」という自信にもつながるそう。
自信につながれば、次に何かするときに喜んでやってくれるようになり、相手が喜ぶことをするのは楽しい、と思ってもらえるように。
いい循環ですよね。

3回言うってどうやって？と思うかもしれませんが、わたしの場合は、①まず軽く「ありがとう」を伝える。②そのときの状況を説明しながら「ありがとう」を伝える。③自分の気持ちを添えながら「ありがとう」を伝える。
この3回です。
たとえば、ゴミ捨てをしてくれたとき。
「ありがとう」
「ゴミを捨ててくれてありがとう」
「忙しくて疲れてたから本当に嬉しかった！ありがとう」

このように3回伝えることによって、察するということが何よりも苦手な男性に、「僕がこんなことしたら、こんな風に嬉しいと思ってもらえるんだ！」と理解してもらえるようになっていくんです。

とにかく尽くしに尽くしてきたわたしの過去の恋愛は、だいたいは最悪の結末に……。

長い時間をかけてようやく、男の人は尽くしすぎて安心させすぎちゃいけないんだと分かりました。

でも、別にお姫様になって、尽くしてよ！という関係性に憧れていたわけでもなく。

お互い心地よく、そばにいてほしいと思える女性ってどういう関係性で、どんな女性像なんだろう？と考えたり本を読んで勉強したりしてきました。

実際に結婚してからも、どうしたら結婚生活がうまくいくのかを探り続けています。

最も近い存在の家族こそ、大切なのはお互いの気遣いや努力。

なんでもさらけ出してぶつかり合うのではなく、「ありがとう」をちょっ

としつこいかな?ってくらい3回も言ったり、ときには肩の力を抜いて
ちょっとふざけてコミュニケーションをとってみたり。
そうやって、お互いにとって心地よい関係でいたいなと思っています。

08

辛い、辛い、苦しい。
そこに真正面で向き合えば向き合うほど、
もっと辛くなるかもしれない。
しんどくてたまらなくなるかもしれない。
そんなとき、考えるのをお休みするのも、
向き合うということ。

27歳で体調を崩し、入院することになったあの日まで、わたし自身も止まることが怖かった。
ひたすら止まらず進んでいるつもりだったけれど、実はずっとキャパオーバーだった。
未来のことなんて考えられない。そんな余裕はない。気づかない間にどんどんネガティブなマインドになっていって……。
そんな自分にも気づいていなかった。
急に立ち止まった時にようやく、自分が苦しいと思っていることに気づきました。

行き詰まったときこそ、立ち止まれ。
いっぱいいっぱいになったら、まずいったん止まってみること。
立ち止まることは悪いことじゃないし、まして甘えなんかじゃない。
意味がないと感じたり不安になったりするかもしれないけれど、意味のない時間がもたらしてくれるものってあるんです。

いっぱいいっぱいのときはそんな時間さえとれなくて、動きながら考え続けてしまうもの。
立ち止まるっていっても何をしたらいいの？と、難しく考えないで。
たとえば、お散歩をする、お茶をゆっくりいれてみる、お風呂にゆっくり浸かる、一人でカフェへ行く……そんな、特別ではない日常の中の短い時間で充分。
仕事中なら、ストレッチをするとかのびをするとか、それだけでもいい。
そういうときにぽっと浮かんだことが意外と問題解決に導いてくれたり、自分が考えすぎていたということに気づかせてくれます。

自分ってダメだな、ポンコツだな、と感じてしまっても、それでもいいよとそんな自分を受け入れてあげる。
とことんなんにもうまくいかないときもあるけれど、そんなときは、今日はそういう日だと思って、一つ予定を諦めて、余白の時間を作ってみてください。

細やかなタスクってじつは自分で自分に課しているだけ。思っている以上に、先延ばしにしても迷惑に感じる人はいなかったりするものです。そう考えて、少し立ち止まってみてください。
止まることは、考えるということ。

あなたの心がときめく時間はどんな時間ですか？
仕事に、妻に、子育てに……大人になって忙しくなればなるほど、立ち止まる時間が大切なのです。

09

「頑張ってね」は人には言わない。

「頑張ってね」――友人でも親子でも、仕事仲間でも、気軽に言いやすい、便利な言葉だと思います。

でもモデル時代、「頑張ってね」と言われたときに「もう頑張ってるよ……」と辛い気持ちになることがありました。

言ってくださる方に悪意はもちろんなく、むしろわたしのことを思って声をかけてくれている。

分かっているけれど、でもやっぱり辛くなってしまう。

生きているだけで、人は充分頑張っているんですよね。

だからそれ以来、わたしは人に「頑張ってね」と言わないようにしています。

その代わりに、「頑張ってきたね」「頑張ってるね」を伝えています。

必死に頑張っている人ほど、自分のダメな部分に目がいきやすいもの。

だからこそまず、その頑張りを認めてあげることが重要だと思うんです。

うん。本当にいつもよく頑張っているね。

10

「まぁいっか」
頑張りすぎてパンクする前に呟く。
わたしの心を軽くしてくれる魔法の言葉。

子どもが生まれて、ますます生活が忙しくなりました。
やろうと思っていたことができずに一日が終わったり、満足できるまでできなかったり。
この間は、お茶をいれようと思ったら、慌てていてぶちまけてしまいました。
そんなとき、「今日は忙しいのに！」「片付ける時間がかかっちゃう！」と思いますよね。でもそこであえて「まぁいっか」と声に出すことで、気がふっと緩むんです。

常に努力をしなければとか、動いて止まらないことが成長だと信じていたわたし。
自分に鞭を打ち続け、それが当たり前のことに。
そのループに入ってしまうと、意外と抜け出すのって難しいんですよね。

真面目なことはもちろんいいことだと思うんです。
でも、ちょっとだけ気を抜く習慣を持っていることもまた大切。
たとえば、ちょっとふざけた言葉を意図的に言ってみるとか。
わたしも練習してみた事あるんです。真面目に話しているマネージャーさんに対して、「やっぴー！」と返してみたりして（笑）。
もちろん、それができる間柄でないといけないけれど、自分はもちろん、一緒にいる人も力が抜ける、そんな瞬間を作れる人でいたいなって。
中学生に戻った気分で、思いっきり変顔してみる、なんていうのもいいかも。
わたしも夫婦で話しているときに急に変顔してみたこと、あります（笑）。

同じ言葉でもギスギスした雰囲気で言うのと、柔らかに言うのでは大違い。
伝え方しだいで全く変わるんです。
だからこそ柔らかな自分でいることはとても重要だと思っています。

最近、息子がたまに「まぁいっか」と言ったりするんです。
わたしが言っているから真似しているみたい。
自分の呼吸が浅くなったとき、心に焦りや陰りが出たときに言ってみてください。
「まぁいっか」と言った瞬間、肩の力が抜けていくのを感じられるはず。
あなたがいま、辛いな、しんどいな、と思っていることはありますか？
辛いとき、しんどいときにわたしの「まぁいっか」を思い出してください。

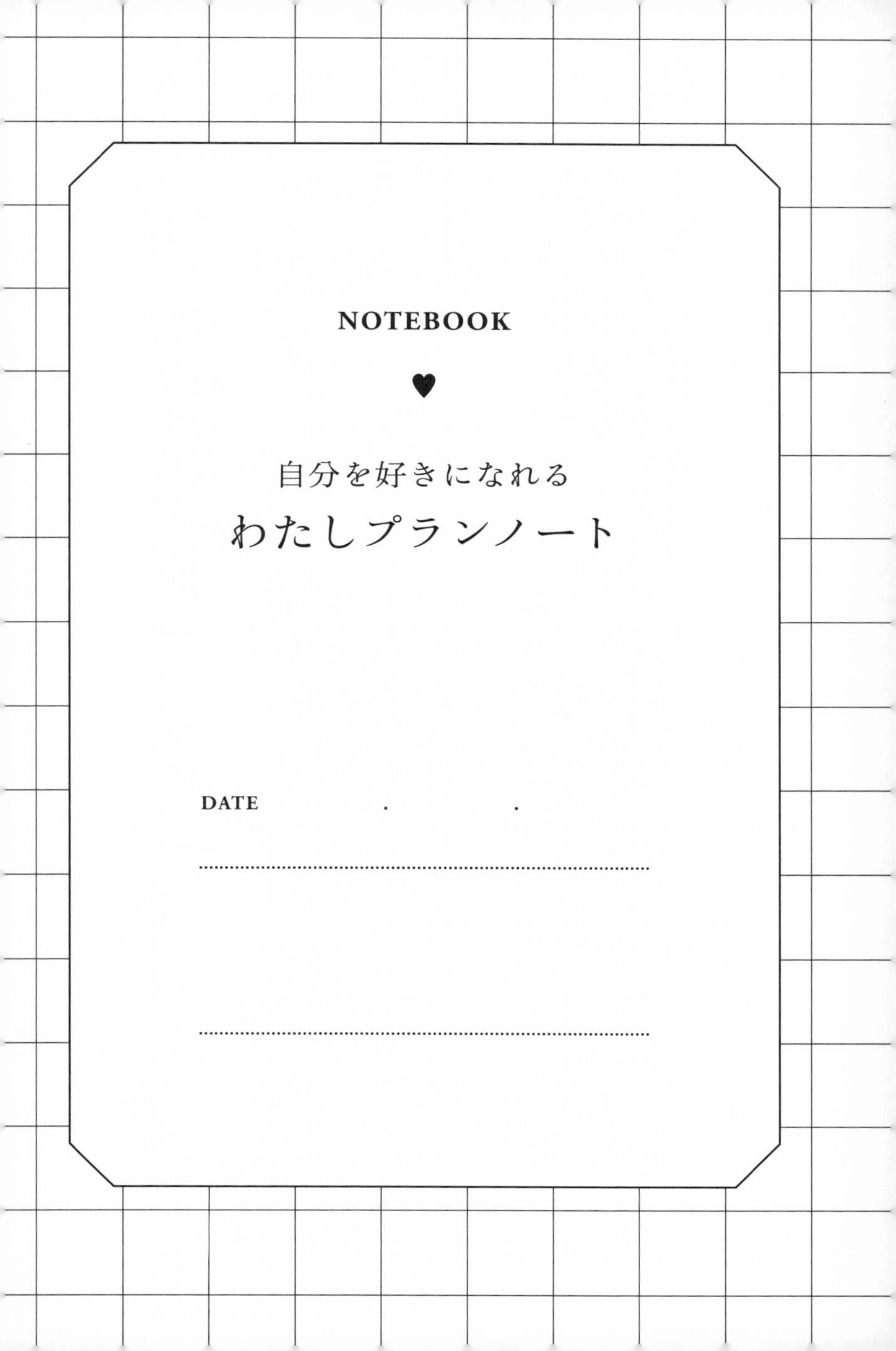
NOTEBOOK
自分を好きになれる
わたしプランノート
DATE . .

「わたしプランノート」で自分と向き合うと、なにげなく過ごしていた時間が自分軸になっていく

自分を知るって、実は一番難しいことかもしれない。でも、自分を知らない限り、ちゃんと自分を好きになることはできません。そこで、わたしがマインドを変えていまのわたしにたどり着くまでに考えてきたことを、この「わたしプランノート」にまとめました。

Ｌｅｓｓｏｎ１〜３はいまの自分を知り、将来どんな自分になりたいか、そのためにどうすればいいか考える練習をするノートです。続くウィークリープランノートは実践編。考えたことを日々に生かし、磨いていくためのノートです。

Ｌｅｓｓｏｎ１〜３をやってみたあと、ウィークリープランノートをスタートするのがおすすめですが、Ｌｅｓｓｏｎ１〜３でペンが進まない人もいるかもしれません。その場合、まずはウィークリープランノートを何週か続けて自分と向き合う時間を持つことから始めてみましょう。続けるうちに自分のことがだんだん見えてきたら、Ｌｅｓｓｏｎ１〜３に再チャレンジしてみてください。

「わたしプランノート」は、書き込むこと以上に、ノートを書く時間＝毎週自分を見つめ直す時間を持つことに意味があります。日々はものすごい勢いで進んでいく。立ち止まる時間がないと、落ち着いて自分のことを考える時間はいつまでも訪れないし、どうしても色々なことを忘れていってしまいます。だからこそ時間を作り、自分がしたいこと、ゴール、できなかったこと、そしてその理由を考え、改善していくことが必要なのです。これを繰り返すうちに、なにげなく過ごしていた時間が自分軸になっていくのを感じられるようになるはずです。

「ちゃんと自分を好きになる」ためのノート、楽しみながら書いてみましょう。

Lesson 1 | わたしってどんな人？

GOAL ➤ “好き”を集めて、自分自身を知っていく

自分のことは意外に知らないもの。
書き出してみるといままで知らなかった自分自身と出会えるはず。

最近、幸せだなあと感じたのはどんなとき？
最近、すごく笑ったのはどんなことですか？

時間とお金があったら、
したいことはありますか？
ほしいものはありますか？

---

one point advice

Q1、Q2は思いつくものをどんどん書いてみましょう!!　どちらもなかなか思いつかない人は要注意。自分のことを後回しにして周りのことばかり考えていませんか？少しずつ時間や心の余裕が持てるように、このノートで自分と向き合う練習をしましょう。

Q.3 子どものときからいままで、
ほめられて嬉しかったことはなんですか？

Q.4 あなたのお気に入りの時間は、
どんなことをしている時間ですか？

one point advice

自分の長所や短所は信頼できる人に聞いてみてもいいでしょう。思わぬ発見があることも。いつもと場所を変えて、リラックスした場所で自分と向き合うこともおすすめです。

自分の性格で好きなところはどこですか？
長所だと思うところは？

自分の性格で直したいところはどこですか？
短所だと思うところは？

「なりたい自分」はどんな人ですか？
思い浮かぶままに書いてみてください。

one point advice

Q7 はできるだけ鮮明にイメージができるように書くといいです。どんな見た目？どんな印象を人に与える人？どんな言葉を発し、どんな１日の時間の使い方をしていますか？ひとつひとつ書き出していくと「理想の自分」が浮かび上がってきます。

Lesson 2 思考のトレーニング

GOAL ➤ 自分を受け入れて、心に余白を作る

自分のことを知ることができたら、次はありのままの自分を受け入れる練習をしていきましょう。
背伸びした「こうあるべき」を手放すと、心が軽くなるのを感じられるはず。

あなたがいま、ありがとうと言いたい人は誰ですか？
またその理由はなぜですか？

あなたがいま、辛いな、しんどいな、と
思っていることはありますか？

Q.3

Q.2 で書いたことはなぜそう思うのですか？

one point advice

Q1 は、「ありのままの自分」を受け入れる土台作りのための質問です。自分の身近な人ほど当たり前の存在になってしまっていたり、見えていなくて、感謝を忘れてしまうもの。周りの人、物、事に感謝することは小さな幸せを見つけられるようになるための第一歩です。書き出した気持ちを伝えてみるのも忘れずに。

Q.2 で書いたことを少しだけでも解消できる
方法を考えて書いてみよう。
方法はひとつでなくても大丈夫！

Q.2 が解消されたら、
どんな楽しい自分時間を作りたいですか？

Q.6 いまの1日のタイムスケジュールと理想のタイムスケジュールを書いてみよう。

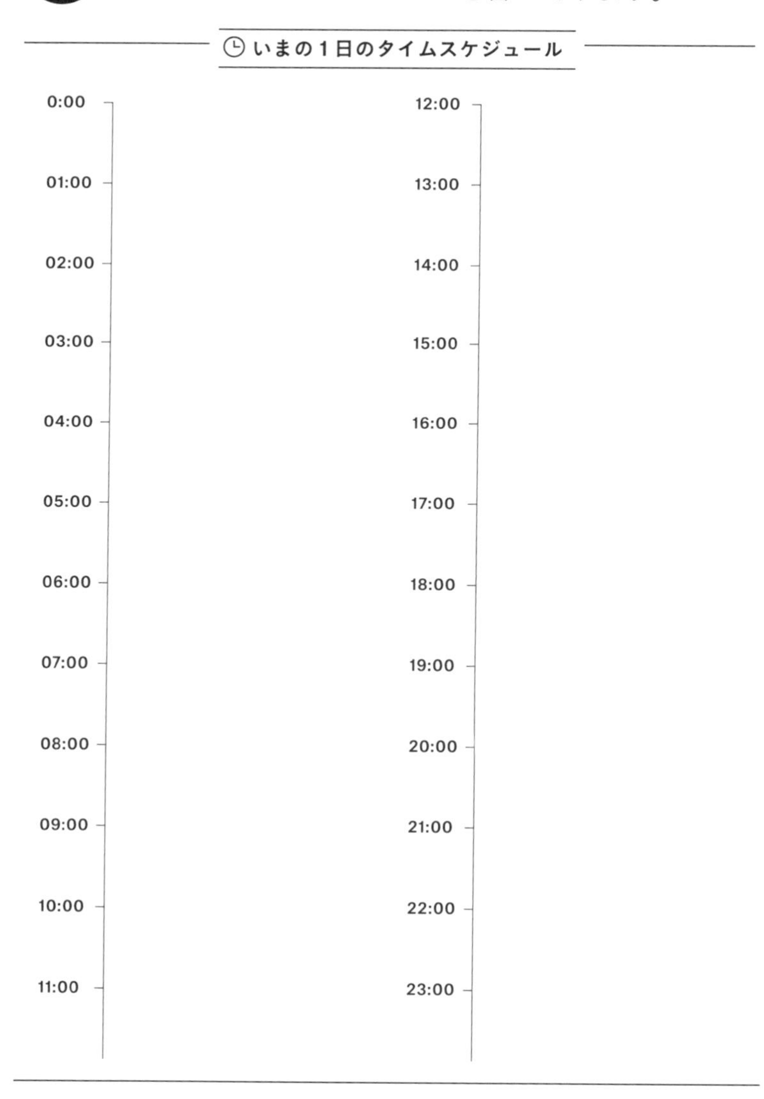

理想のタイムスケジュール

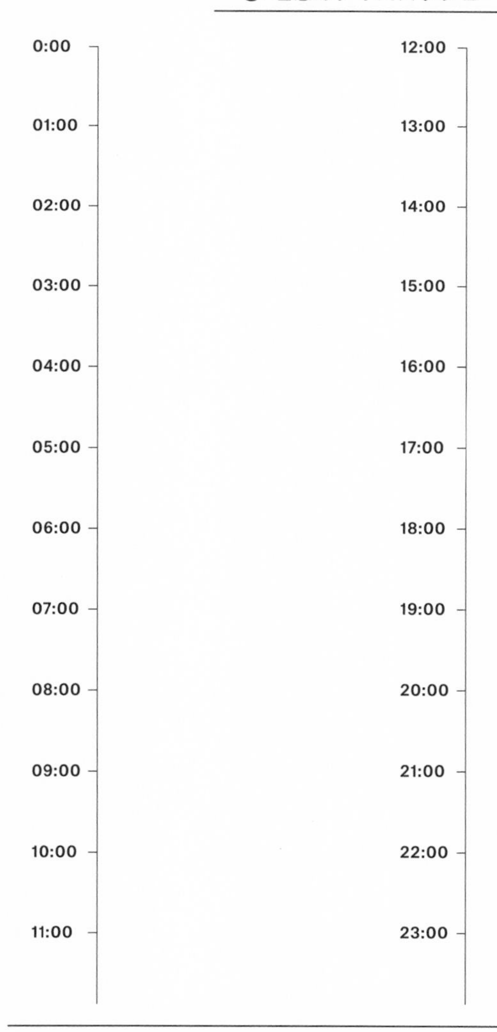

12:00
13:00
14:00
15:00
16:00
17:00
18:00
19:00
20:00
21:00
22:00
23:00

Q.7 あなたが日常の中で「実はやめたい」と思っている時間はありますか？

one point advice

「辛い、しんどいと思うこと」「やめたいと思っていること」、どちらも、「じゃあどうしたらいい？」と考えてみることで、嫌なことに振り回されず、自分で選択ができるようになっていきます。ノートに書き出して、「どうしたら変えられるか」をセットで考える練習を重ねていきましょう。

Q.7のことをやめられたら、
その時間で何をしたいですか？

Q.8で書いたことをすることで、
あなたはどんな気持ちになることができますか？

Lesson 3 未来の自分へ

GOAL ➤ なりたい自分のイメージを明確にする

なりたい自分を書き出して、「なぜそうなりたいのか?」「どうしたらなれるのか?」「そのためにいまできることは何か?」を考えるクセをつけることで、日々の選択で迷いを減らすことができます。

あなたにとって「素敵な生き方をしている人」とはどんな人ですか?

半年後〜１年後にあなたが絶対に達成したいことはありますか？期限を決めて書いてみましょう。

one point advice

時間は有限。期限を決めることは、いま何を優先すべきかを考えるきっかけになります。なんとなく目標に入れているけれどずっとやらないことは、なぜやらないのか見つめ直してみて。それとも思い切って「やらない」という選択をすることが、人生をうんと生きやすくすることもあります。

1 年後、3 年後、5 年後のあなたは どうなっていたいですか？

1年後

one point advice

1 年、3 年、5 年先に分ける理由はライフステージの変化を見通すため。「人生ロードマップ」と言うこともできます。各項目にはぜひ自分がワクワクすることを書いてみて。人生は楽しむためにあります。好きな自分でいられるための 5 年計画を作ってみましょう。

3年後

5年後

Q.3で書いたあなたになるために、
すぐにできそうなことはありますか？

Q.4のことができたら、
あなたはどんな気持ちになりますか？

Q.3 で書いたあなたになるために、
時間はかかるけれど挑戦したいことはありますか？

Q.6 で書いたことをするために、
いまからできることはなんですか？

Q.8 あなたが笑顔でいるために大切なことはなんですか？

one point advice

大切なのは「自分軸」で考えること。わたし自身が木の幹で、仕事や家族は枝葉だとイメージしてみてください。生きているとたくさんのできごとと出合い悩むこともありますが、幹が育って初めて、枝葉にも幸せや喜びという栄養が行き届くのです。

人生の最期を迎えるまでにやりたいことを
3つ挙げるならなにをしたいですか？

あなたの人生にとって
一番大切にしたいことはなんですか？

実践編 | # ウィークリープランノート

GOAL ➤ ノートで考えたことを日々の生活に落とし込んで生かせるようになる

ここまでの Lesson1 ～ 3 で自分のことを理解できたら、日々の生活に落とし込むことで、いつでも「好きな自分」でいることができるようになります。毎週、自分の心の声と向き合うことで、大切にしている価値観や信念を磨いていきましょう。そのために、やらなくてよいことや人に協力してもらえそうなことを見つけることも大切です。書く内容は、タスク管理の週もあれば、自分の心を満たすための週があっても構いません。「やらなきゃ」ではなく「やりたい」と思える１週間の計画を立ててみて。

ウィークリープランノートの使い方

□ 毎週続けて書いてみよう。

まずはノートを書く曜日を決めて、毎週書く習慣をつけましょう。短くてもいいのでリラックスして、他の人を気にせず楽しみながらノートに向かう時間をとれるよう意識してみてください。

□ ページは一度に何枚かコピーを用意して。

毎週使うので、書く前に多めにコピーを取っておいてください。キリトリ線で切ってノートに貼ればオリジナルノートが完成。または、自分の手帳にウィークリープランノートの内容を書いても OK。続けやすい方法を見つけてください。

□ ノートを見て振り返ってみて。

ウィークリープランノートで大切なのは、単純なタスク管理にとどまらず、自分自身を知る、理解すること。書いたものは振り返って、過去といまの自分の変化を楽しみながら感じてみてください。

Q.1 今週の目標は何にしようか？

Q.2 目標に対して、いつ、何をする？

MON

TUE

WED

THU

FRI

SAT

SUN

キリトリ

Q.3 「やらなきゃリスト」を書き出して、優先順位をつけよう。

優先度

- □
- □
- □
- □
- □
- □

キリトリ

Q.4 「やりたい事リスト」を書き出して、優先順位をつけよう。

優先度

- □
- □
- □
- □
- □
- □

Q.5 「やらなきゃリスト」のうち、
自分でなくてもできること、
ほかの人にお願いできそうなことは？

Q.6 「やりたい事リスト」のために
今週できることはなんだろう？

キリトリ

おわりに

「こういうとき、くみっきーならどうする？」

『Ｐｏｐｔｅｅｎ』のモデル時代も、卒業してからも、ファンの子・ＳＮＳのフォロワーの方々からも、よくこんな相談を受けます。

恋愛、結婚、仕事、人間関係。女性の20代〜30代は、ライフスタイルもそれぞれなら、悩みも多い時期。わたしもさんざん悩んできました。そんなわたしと同世代の人たちに寄り添いながら、心地よい選択ができるようそっと応援できたら……そんな願いから、この本の企画はスタートしました。

わたしの評価の軸は、ずっと自分ではなく、ほかの誰かでした。「自分がどう思うか？」ではなく、「人からどう思われるか？」を考えるクセがついていました。

でも、人生は自分のためにあるもので、責任を持てるのも自分自身だ、ということに気づいてからは、自分を評価の軸にするよう、常に意識して、考え方を変えてきました。友達からも「久美子は悩むのが趣味だよね」と言われるほどだったわたしが、考え方、捉え方を変えると悩むことが減り、実は知らなかった自分を少しずつ知っていくことができたのです。
すると、日々の行動に想いや生きる信念が積み重なっていき、ようやく自分の人生を生きているいると感じるようになりました。

この本を通してあなたと出会えて心から嬉しく思います。
そして『Ｐｏｐｔｅｅｎ』時代からわたしを応援してくれている読者の子たち。卒業から10年、一緒に成長できていることがわたしの誇りです。
人は一人で歩いて行けないからこそ、助け合い、励まし合い、尊重し合い、高め合いながら生きていく。
この本を通じてあなたが「ちゃんと自分を好きになる」ことができ、毎日が明るくよりよいものになる力になれれば幸せです。
心から感謝しています、手にとってくださりありがとうございました。

舟山久美子

ITEM LIST

掲載アイテム紹介

P.60

① RauB フルボーテブースタードリンク
② KOMBUCHA+KOUSO
③ HERBORISTERIE エキナセア
④ HERBORISTERIE パッションフラワー
⑤ orthomol イミュン
⑥ waphyto インナーリキッドエナジー

P.57

① MARY QUANT CHEERY COLOURS FOR EYES (02 Excite)
② jill leen ティアーアイリッドペンシル (031 クリームベージュ)
③ DOLLY WINK マイベストライナー (グレージュ)
④ DOLLY WINK マルチシークレットライナー
⑤ ザセム カバーパーフェクションチップコンシーラー (0.5)
⑥ Elegance グラヴィティレス マスカラ (BR20)
⑦ クレ・ド・ポー ボーテ ルージュクレーム エタンスラン (302)
⑧ コスメデコルテ フェイスパウダー (00)
⑨ ETVOS ミネラルインナートリートメントベース (ラベンダーベージュ)
⑩ Herz skin フルフィルメントセラムウォーターインテンス90
⑪ クレ・ド・ポー ボーテル・レオスール デクラ (106)

※このページに掲載している商品はいずれも著者私物であり、商品名・メーカー名等は取材時の情報です。現在は生産・販売が終了している可能性があります。

P.73

①「割れないお皿で子どもができてからお気に入り。友人の結婚祝いでもとても喜ばれるアイテムです」ARAS

② 雨晴　寺田鉄平さんの作品

③ 1616 / Arita Japan

④ 雨晴 おおやぶみよさんの作品

⑤ うつわ御結

P.65

①「肌のベースアップをしたいときに」ALBION エクラフチュール

②「肌のインナードライが気になるときの救世主」KINS SERUM

③「ミネラルが70種類以上含まれており、肌悩みを寄せ付けません」Herz skin フルフィルメントセラムウォーターインテンス90

④「肌を内側から優しく満たしてくれる」NOV III フェイスローション R（しっとりタイプ）

⑤「肌を外的刺激から守ってくれます」TSUDA COSMETICS　スキンバリアクリーム

⑥「ビタミンスクラブが、肌全体をトーンアップしてくれる」Dr365 V.C. メルトスクラブウォッシュ

撮影　森脇裕介（カバー／P.49～80）
デザイン　金本紗希
編集協力　柿本真希
校正　東京出版サービスセンター
DTP　キャップス
編集　志村綾子

マネジメント　TRUSTAR

ちゃんと自分を好きになる。
「わたしはわたし」のマインド術

2024年5月27日　初版発行

著　者　舟山久美子

発行者　山下直久
発　行　株式会社 KADOKAWA
〒102-8177 東京都千代田区富士見2-13-3
電　話　0570-002-301（ナビダイヤル）
印刷・製本　図書印刷株式会社

ISBN 978-4-04-897761-6 C0095